优秀技术工人
百工百法丛书

陈永胜工作法

无砟轨道自密实混凝土关键技术及装备研发

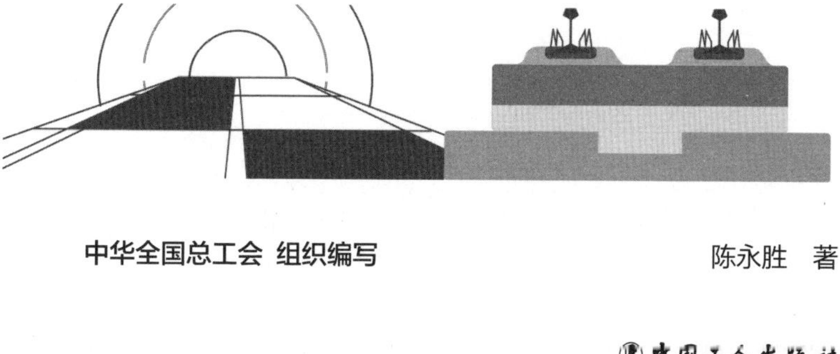

中华全国总工会 组织编写

陈永胜 著

中国工人出版社

技术工人队伍是支撑中国制造、中国创造的重要力量。我国工人阶级和广大劳动群众要大力弘扬劳模精神、劳动精神、工匠精神，适应当今世界科技革命和产业变革的需要，勤学苦练、深入钻研，勇于创新、敢为人先，不断提高技术技能水平，为推动高质量发展、实施制造强国战略、全面建设社会主义现代化国家贡献智慧和力量。

——习近平致首届大国工匠创新交流大会的贺信

优秀技术工人百工百法丛书

编委会

优秀技术工人百工百法丛书

铁路卷

编委会

序

党的二十大擘画了全面建设社会主义现代化国家、全面推进中华民族伟大复兴的宏伟蓝图。要把宏伟蓝图变成美好现实，根本上要靠包括工人阶级在内的全体人民的劳动、创造、奉献，高质量发展更离不开一支高素质的技术工人队伍。

党中央高度重视弘扬工匠精神和培养大国工匠。习近平总书记专门致信祝贺首届大国工匠创新交流大会，特别强调“技术工人队伍是支撑中国制造、中国创造的重要力量”，要求工人阶级和广大劳动群众要“适应当今世界科技革命和产业变革的需要，勤学苦练、深入钻研，勇于创新、敢为人先，不断提高技术技能水平”。这些亲切关怀和殷殷厚望，激励鼓舞着亿万职工群众弘扬劳模精神、劳动精神、工匠精神，奋进新征程、建功新时代。

近年来，全国各级工会认真学习贯彻习近平总书记关于工人阶级和工会工作的重要论述，特别是关于产业工人队伍建设改革的重要指示和致首届大国工匠创新交流大会贺信的精神，进一步加大工匠技能人才的培养选树力度，叫响做实大国工匠品牌，不断提高广大职工的技术技能水平。以大国工匠为代表的一大批杰出技术工人，聚焦重大战略、重大工程、重大项目、重点产业，通过生产实践和技术创新活动，总结出先进的技能技法，产生了巨大的经济效益和社会效益。

深化群众性技术创新活动，开展先进操作

法总结、命名和推广，是《新时期产业工人队伍建设改革方案》的主要举措。为落实全国总工会党组书记处的指示和要求，中国工人出版社和各全国产业工会、地方工会合作，精心推出“优秀技术工人百工百法丛书”，在全国范围内总结100种以工匠命名的解决生产一线现场问题的先进工作法，同时运用现代信息技术手段，同步生产视频课程、线上题库、工匠专区、元宇宙工匠创新工作室等数字知识产品。这是尊重技术工人首创精神的重要体现，是工会提高职工技能素质和创新能力的有力做法，必将带动各级工会先进操作法总结、命名和推广工作形成热潮。

此次入选“优秀技术工人百工百法丛书”作者群体的工匠人才，都是全国各行各业的杰出技术工人代表。他们总结自己的技能、技法和创新方法，著书立说、宣传推广，能让更多人看到技术工人创造的经济社会价值，带动更多产业工人积极提高自身技术技能水平，更好地助力高质量发展。中小微企业对工匠人才的孵化培育能力要弱于大型企业，对技术技能的渴求更为迫切。优秀技术工人工作法的出版，以及相关数字衍生知识服务产品的推广，将对中小微企业的技术进步与快速发展起到推动作用。

当前，产业转型正日趋加快，广大职工对于技术技能水平提升的需求日益迫切。为职工群众创造更多学习最新技术技能的机会和条件，传播普及高效解决生产一线现场问题的工法、技法和创新方法，充分发挥工匠人才的“传帮带”作用，工会组织责无旁贷。希望各地工会能够总结、命名和推广更多大国工匠和优秀技术工人的先进工作法，培养更多适应经济结构优化和产业转型升级需求的高技能人才，为加快建设一支知识型、技术型、创新型劳动者大军发挥重要作用。

中华全国总工会兼职副主席、大国工匠

高凤林

作者简介
About The Author

陈永胜

1972 年出生，中铁十一局集团第三工程有限公司中心试验室主任，高级工程师，中国铁建特级技师，湖北省首席技师。

曾获“全国五一劳动奖章”“全国技术能手”“江淮工匠”“雄安工匠”等荣誉和称号。2022 年入选国资委第二批中央企业“大国工匠”培养支持计划名单，享受国务院政府特殊津贴。

他在高铁、地铁预制轨道板施工中提出了采用 5 种外加剂母液复配“鸡尾酒”达到混凝土“烂泥状”最佳状态的技术，攻克自密实混凝土运距远、施工空间狭窄、二次驳运影响灌注质量和进度等难题。研制板式道岔自密实混凝土灌注装置、自密实混凝土灌注台车、用于轮胎式铺轨设备的通行装置等 6 项工装设备，填补了国内高铁、地铁无砟轨道技术空白。拥有 17 项技术创新成果，其中 QC 成果二等奖 3 项，施工工法 1 篇，发明专利 2 项，实用新型专利 9 项，集团级科技进步奖 1 项，中国公路学会科学技术奖二等奖 1 项；发表论文 3 篇；参与起草、审查《沙漠砂混凝土应用技术规程》《超高性能混凝土预混料》等团体标准、企业标准 4 项。

工/匠/寄/语

以初心践行使命，以创新追求卓越，

用实际行动诠释新时代铁路建设者的责任与担当。

陈永胜

目　　录
Contents

引　言
Introduction

轨道交通是国民经济大动脉、国家重要基础设施和大众化交通工具，是综合交通运输体系重要的民生工程和资源节约型、环境友好型运输方式，在我国经济社会发展中的地位至关重要。轨道工程是高铁、地铁建设中的一个关键环节。如何提升规模效益，降低施工成本，将创新成果转化为现实生产力，已经成为建筑企业提升核心竞争力、摆脱产高利低困局的关键。

本书主要阐述了笔者在应用技术攻坚过程中，对于高铁、地铁自密实混凝土力学性能和耐久性的水泥基复合材料在薄壁空间结构中产生的难题和解决办法，以及解决自密实混凝土施工过程中一系列难题的相关创新心得和经验。由于对自密实混凝土的研究、应用时间较短，理论还不够完善，并且自密实混凝土存在黏度高、自收缩开裂、密实性差、强度增长不稳定等问题，对自密实混凝土的研究有待进一步深入，从而更好地推进自密实混凝土在高铁、地铁无砟预制轨道板工程发展中的应用，为交通强国、科技强国战略贡献央企力量。

第一讲

自密实混凝土概述

自密实混凝土（Self-compacting Concrete，SCC）是指在自身重力作用下，具有高流动性、稳定性和均质性的混凝土。建筑结构中即使存在致密钢筋，自密实混凝土也有足够流动性可填充模板，同时获得很好的均质性，不需要附加振动。

自密实混凝土容重一般在 2300kg/m^3 左右，相比普通混凝土，具有流动性能好、不需要振捣等优点，因此极大地拓宽了自密实混凝土的应用范围。设计坍落扩展度 630~700mm，良好的自填充、自密实功能使其在钢筋密集、异型构件新建筑、预制轨道板填充层、钢管混凝土和结构修补加固工程中体现出优势。

自密实混凝土的成功配制需要比普通混凝土添加更多的水和胶凝材料，这就导致自密实混凝土面临难以解决的两个问题：一是收缩与开裂的问题。二是和易性能差、不易施工的问题。随着自密实混凝土在高铁、地铁上的应用，对自密实混凝土的力学性能、工艺性能要求不断提高。为了最大可能地降低自密实混凝土收缩和裂缝的出现概率，满足薄板结构、动荷载、耐久性的工程要求，解决运距远、城市交通不确定性大、施工空间狭窄、二次驳运等问题，自密实混凝土既要满足工作性能又要满足设计要求。

目前针对自密实混凝土的研究大致可分为以下几个方面。

首先，是针对混凝土自身材料性能的研究，包括改善自密实混凝土性能的配合比、外加剂、实体质量等研究，延至自密实混凝土本身的收缩徐变、耐久性等研究。其次，是自密实混凝土施工工艺、工装等创新研究，包括模板工装、定位工装、运输设备、安装调平设备等改进研究。最后，是自密实混凝土养护新材料、无损检测等试验研究。

随着我国高速铁路、城市交通建设的快速发

展，我国自主研发的高铁无砟 CRTS Ⅲ型板式、地铁无砟预制轨道板式（如图 1、图 2 所示），可提高轨道的可维修性、可更换性，降低后期运营维护成本。无砟预制轨道板道床结构由钢轨、扣件、预制轨道板、填充层、限位挡台、中间隔离层、混凝土底座等组成。轨道板预留限位孔，限位孔内安装弹性缓冲层，限位孔内灌注填充层后形成柔性限位，自密实混凝土作为轨道板和底座板间的填充层是整体道床轨道的重要结构，形成复合整体结构共同承受列车荷载。填充层主要功能为填充、支撑、承力、限位、调整标高以及提供一定弹韧性，其性能对轨道结构的耐久性、列车运行的舒适性以及降低线路运营维护成本有直接影响，因此对填充层自密实混凝土的流动性、填充性、间隙通过性和抗离析性要求非常严格。由于高铁无砟 CRTS Ⅲ型板式、地铁预制轨道板无砟轨道填充层属于狭长的封闭板腔，所以

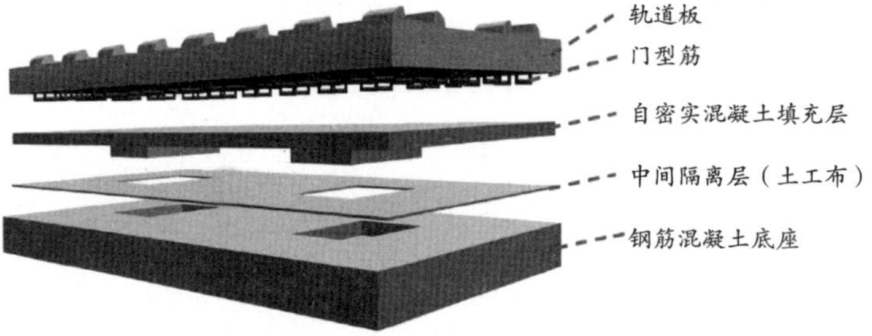

图 1　预制轨道板结构图

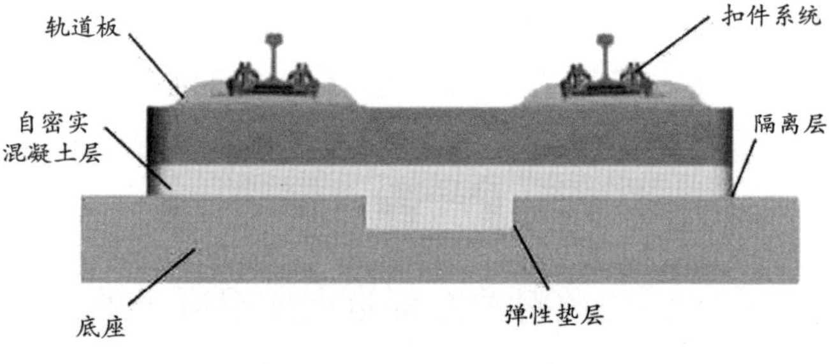

图 2　预制轨道板剖面图

针对无砟轨道结构自密实混凝土填充层的研究主要集中在：自密实混凝土材料研究、无砟轨道施工质量控制研究、无砟轨道施工设备研究、无砟轨道结构动力性能研究和填充层间离缝伤损研究方面。

自密实混凝土应具有适当的黏度，能够流过钢筋、填充板内的空隙，在重力下自行密实成型。随着我国高速铁路的快速发展，对自密实混凝土性能的研究也有了很大的进步，其已经在我国获得广泛的推广和应用。目前，自密实混凝土性能优越、经济效果突出、技术日渐成熟，对未来我国高速铁路、城市轨道交通混凝土材料发展具有重要意义。

对于高铁 CRTS Ⅲ型板式（如图 3 所示）、地铁预制轨道板式（如图 4 所示）无砟轨道而言，自密实混凝土填充层质量控制是其结构质量和施工控制的核心。自密实混凝土与普通混凝土

图 3　高铁 CRTS Ⅲ型板式

图 4　地铁预制轨道板式

相比，具有高流动性、抗离析和填充能力强等特点。然而，在生产、运输、灌注以及养护过程中，自密实混凝土比较敏感，容易受到原材料波动、自由水和极端天气的影响，这些是自密实混凝土工作性和耐久性的主要破坏因素。

填充层自密实混凝土由水泥、粉煤灰、矿粉、黏度改性剂、粗/细骨料、水和外加剂（高性能减水剂、引气剂）等多种材料组成，其性能满足板式无砟轨道结构的设计要求。

自密实混凝土制备方式为：传统的强制式搅拌机中依次加入粗/细骨料、水泥、掺合料，搅拌30s，再加入水、减水剂和引气剂，搅拌150s。采用专用灌注小料斗向轨道板中间预留的孔进行灌注。通过本工作法，针对混凝土现场浇筑工艺及配合比设计参数，研制聚羧酸高性能减水剂复配技术，可以配制出黏度低、流动性能强的“烂泥状”自密实混凝土。该项技术成功应用在商合杭高铁、我国首次大规模应用自密实混凝土填充层整体道床的上海地铁 15 号线。经优化改进后推广应用于广州地铁 18 号线、深圳地铁 16 号线、南京地铁 6 号线、福州地铁滨海快线等项目，为轨道交通行业的高质量可持续发展贡献力量。

第二讲

自密实混凝土常见问题及解决方法

自密实混凝土设计配合比所用原材料有水泥、矿物掺合料、改性剂、膨胀剂、砂子、5~16mm碎石、减水剂、引气剂、水等，各种原材料需符合设计规范要求。自密实混凝土要求胶凝材料总量不宜大于580kg/m^3，单方用水量不宜大于180kg/m^3，单位体积浆体总量不宜大于0.4m^3；配合比采用绝对体积法进行设计。根据现场室内试验、工艺性试验和揭板试验，从调节各原材料的合理用量等方面设计配合比。

各项原材料性能应符合《高速铁路CRTS Ⅲ型板式无砟轨道自密实混凝土》(Q/CR 596–2017)、《上海城市轨道交通自密实填充层技术条件》的规定。(1)水泥宜采用P·O42.5水泥。(2)矿物掺合料采用Ⅰ级、Ⅱ级粉煤灰或矿粉，或粉煤灰矿粉双掺。(3)细骨料应采用Ⅱ区级配合（空隙率大小）理的中砂，吸水率小，细度模数不大于2.7，含泥量不大于2.0%。(4)粗骨料采用5~16mm连续级配、粒形良好的碎石，针片状颗粒含量不应大于 5%，含泥量不应大于 0.5%，压碎指标值应小于 10%。（5）减水剂宜选用聚羧酸高性能减水剂。（6）外加剂根据需要可选用膨胀剂、引气剂等。膨胀剂性能应符合《混凝土膨胀剂》（GB/T 23439–2017）的规定；引气剂性能应符合《混凝土外加剂》（GB 8076–2008）的规定；黏性改性材料性能应符合《高速铁路 CRTS Ⅲ型板式无砟轨道自密实混凝土》（Q/CR 596–2017）的规定。（7）拌制自密实混凝土的性能应符合《铁路混凝土》（TB/T 3275–2018）的规定。

自密实混凝土运到施工现场后，应由试验人员测试拌和物的性能指标（如图 5 所示），各项拌和物性能指标必须符合标准要求后方可灌注，自密实混凝土性能要求见表 1。

（a）扩展度检测

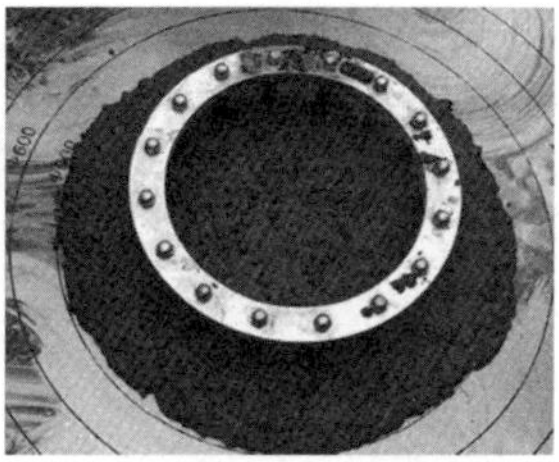

（b）J 环障碍高差检测

（c）含气量检测

（d）L 型仪充填比检测

（e）温度检测

（f）成型外观检查

图 5　现场混凝土拌和物性能测试

表 1 自密实混凝土性能要求

项 目	性能要求	总结值
坍落扩展度（mm）	≤ 680	650~680 最佳
扩展时间 T500（S）	3~7	2~3 最佳
J 环障碍高差（mm）	<18	<16 最佳
L 型仪充填比	≥ 0.8	≥ 0.7 最佳
含气量（%）	≥ 3	5~6 最佳
泌水率（%）	0	0
入模温度（℃）	5~30	15~20 最佳
混凝土目测状态	表面骨料均匀分布，无明显砂浆层，无离析、泌水迹象	表面骨料均匀分布，无明显砂浆层，无离析、泌水迹象

自密实混凝土具有高流动性、间隙通过性和抗离析性，浇筑时仅靠自重作用挤压，无须振捣即可填充成型密实，且硬化体耐久性和体积稳定性好。自密实混凝土施工技术要求：自密实填充层应无蜂窝、无松软发泡层、无水纹泌水现象，断面骨料分布均匀（如图 6 所示），表面及侧面密实平整，厚度、充盈度等均满足设计要求（如图 7 所示）。

图 6　填充层切面

图 7　成型预制板板面外观

自密实混凝土技术要求为：稳定的力学性能和适宜的弹性性能，后期强度稳定；56d 抗折强度≥ 6.0MPa，适中的弹性模量（30.0~38.0GPa）。自密实混凝土硬化体积性能包括力学性能、耐久性能及收缩性能；体积稳定性与变形的可控性；体积变化的可设计性、长期体积稳定性；良好的施工性能；高流动性与均质性、优良的自充填与自密实性能（如图 8 所示）。

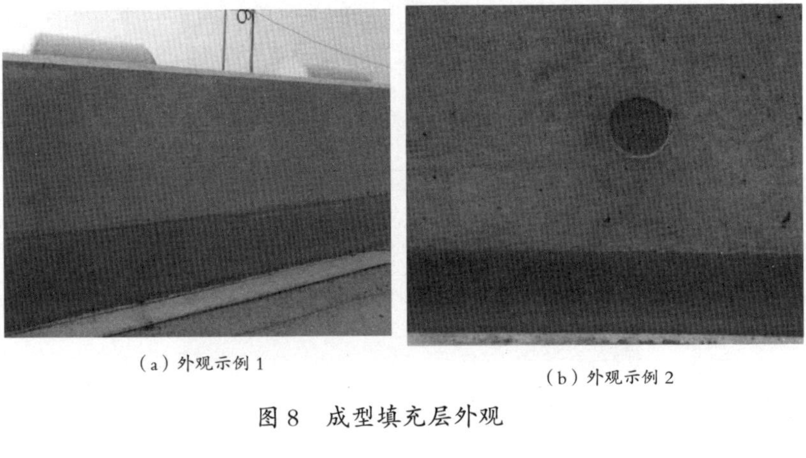

（a）外观示例 1　　（b）外观示例 2

图 8　成型填充层外观

1. 问题描述

预制轨道板多重障碍（门型钢筋、限位槽螺旋筋、钢筋网片）（如图 9、图 10 所示）有：一是混凝土流动阻力增加；二是混凝土离析的可能性增加；三是骨料堵塞的可能性增加。

图 9　高铁 CRTS Ⅲ型填充层钢筋网片

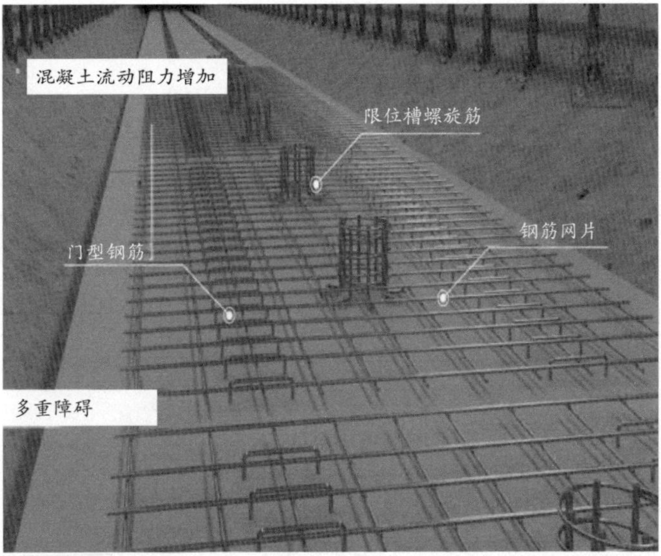

图 10　地铁填充层网片

封闭体系存在的问题有（如图 11、图 12 所示）：一是气泡无法排出；二是多余浆体难以排出；三是施工时，施工人员会对轨道板有扰动。

目前，自密实混凝土常见问题不良状态如下：（1）自密实混凝土出机后快速扩展，裙边太薄，浆在前、石子在后，水泥浆带动石子跑，浆体黏性大，无气泡发亮（如图 13 所示）；（2）自密实混凝土出机时表面发亮，过一会儿黯淡无光，有气泡，留下豆腐渣状砂浆层，露石 60%~80%，翻动见有砂浆沉底，拍拍能出浆，浆体发亮过黏，拌和能流动恢复表面发亮；（3）自密实混凝土出机时表面单个石子裸露 90%~100%，翻动手感较重，翻起砂浆发亮又迅速下沉，水泥浆容重大；（4）砂浆不下沉，过于饱满，表现为含气量过大，测容重轻，露石 0~10%，对强度影响大，含气量每增大 1%约损失 4%混凝土强度（如图 14 所示）；（5）自密实混凝土表面

图 11　高铁 CRTS Ⅲ型填充层封闭模板

图 12　地铁道岔填充层封闭模板

图 13　自密实混凝土离析

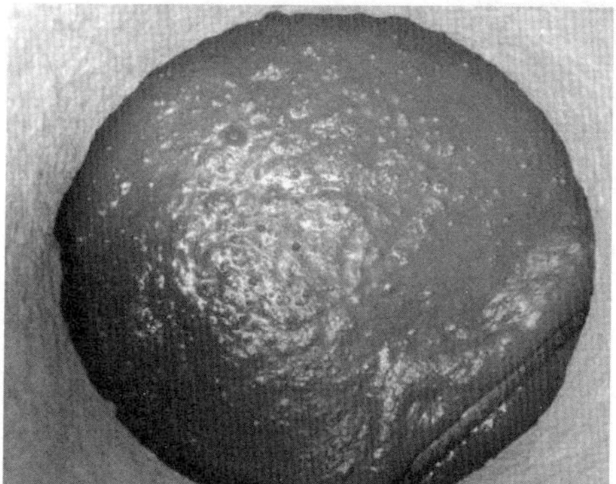

图 14　自密实混凝土含气量大

暗光流动无活力，稠度过大，粘容器，留砂浆层较厚不掉，失水过快，粗骨料表面风吹干得快、发白。

不良状态自密实混凝土会引起：（1）拌和物流动性不足，工作性能损失过快，无法填充整个模板，出现离缝（如图 15 所示）。（2）表面泡沫层、浮浆层、表面水纹、贯穿气孔，灌注后的自密实混凝土表面出现泡沫，降低轨道板与填充层之间的黏结力，承载力不足，出现离缝（如图 16 所示）。（3）灌注不饱满。承载力和黏结力不足，严重时会导致轨道板或道岔板悬空（如图 17 所示）。（4）离析、泌水，坍落扩展度返大。灌注时出现堵塞、灌不满，硬化结构中出现表面浮浆层、侧面开裂（如图 18 所示）。（5）轨道板和填充层之间存在离缝，后期运营时，水、腐蚀介质进入离缝，影响结构耐久性，会在列车的动载作用下加速劣化。（6）排浆孔和侧面掉块、掉皮。

（a）离缝示例 1

（b）离缝示例 2

图 15　自密实混凝土离缝

（a）泡沫层示例 1

（b）泡沫层示例 2

图 16　自密实混凝土泡沫层

图 17　自密实混凝土未灌满

图 18　自密实混凝土开裂

四角排浆孔插销插入过早，排气孔出浆量少，引起含气集中、强度不足，产生掉块。（7）模板压紧装置、侧模加固不牢，端头模板未紧固，模板侧模胀模，轨道板上浮。

2. 解决方法

针对上述问题，依据“增稠降黏”理念，创新复配外加剂技术，优化骨料、浆体混合的悬浮体系的静、动态稳定机理技术，提出“烂泥状”最佳状态，攻克了轨道板结构填充密实成型的技术。

“烂泥状”的要点：采用降黏型（35%~60%）、超保坍型（1h、2h、3h 3 种占比 20%~30%）、引气型（≤ 10%）、高减水型（≤ 10%）、缓凝型（20%）等外加剂母液“鸡尾酒”复配方案，其释放特性曲线与水泥液相中有效成分的消耗特性曲线互补，有效改善与胶材的适应性能，提高混凝土流动性，引入有益小气泡，调整气泡级配、提高气泡稳定性、控制含气量，减少泌浆及石子下沉，减小剪切力，降低掺量敏感度，控制混凝土维持的时间。目标是“增稠降黏”，达到混凝土柔软包裹好、稠度适中，流动性好，不过黏、不离散、不泌水、不扒底、不冒泡等“烂泥状”，核心是在拌和物中的粗骨料呈现“悬浮”状态。

自密实混凝土配合比试拌时控制要点：一看、二听、三动手。分清：散、黏、稠。目标：绵和柔。效果：有流动、有推力、粗骨料悬浮、包裹。

一看：搅拌机拌料整筒混凝土在晃动，1/3量在滚动；包裹较好，停机后回落快，表面浆体表现为哑光。二听：放料时，混凝土与筒无明显摩擦声音；放完料，用铁锹翻拌3遍后，静置时无大气泡破碎声音。三动手：坍落扩展度、出机流动好，混凝土铲动较轻（绵和柔），无明显气泡、浮黑。最佳状态：流速快，混凝土扩展直径垂直“+”方向偏差小，裙边饱满不泌水，浆石无分离，裙边厚度薄且呈扁平形。

以解决混凝土状态差、提高检验效率、简化验证过程为目标，从配合比试配到搅拌大机生产稳定性验证，提出了简易混凝土判定状态方法，判定粗骨料是否“悬浮”（如图 19 所示），级配是否合理，材料分布是否均匀。将拌和好的混凝土装入 10L 的筒中，距筒口 20mm 以下，将混凝土捣平后，砂浆表面应有明显的粗骨料印迹，表面 5mm 内可见粗骨料，插捣时混凝土表面有水波涟漪效应，用铁抹刀划开 2cm 宽裂缝能迅速修复，留置 20min 倒出混凝土，筒干净不留底。混凝土出机后放在平板上观察混凝土饱满状态，露石 30%~50% 且均匀，扩展度测试时提筒流动有推力，混凝土扩展裙边饱满无泌水、泌浆，砂浆带动粗骨料一起流动，中间混凝土略高，裙边可见砂浆包裹粗骨料饱满有

（a）“悬浮”状态示例 1

（a）“悬浮”状态示例 2

图 19　粗骨料呈现“悬浮”状态

厚度，包裹层薄（如图 20 所示）。随意增、减用水量 5~10kg/m^3，外加剂用量 ±0.5%掺量，只变化扩展度大小，不出现混凝土泌水、离析。在试验室环境 20±5℃下，将混凝土静置封闭器皿中 2h 或敞开在室外阴凉处静置 1h，捣棒仍可轻松插到底，混凝土表面哑光不变，拌和后恢复流动性，扩展度变化不大于 ±20mm。硬化后实体无色差、光泽度好、无缺陷、棱角分明，施工方便，强度、耐久性能满足设计要求。证明状态良

图 20　自密实混凝土灌注前状态

好。反之，说明状态不良，包裹层过厚或过薄都会影响混凝土灌注质量。

状态不良时处理思路：调整增稠剂、引气剂、消泡剂、减水剂母液的比例和类型，减少醚类高减水母液用量。醚类高减水母液会增加水泥浆黏度、密度，造成水泥浆过重、与细骨料分离不挂浆。调整目的：增稠降黏。采取方法：（1）加大降黏类型母液占比，视细骨料细度、级配、颗粒形状、含泥量、吸水率等，调整黏度，采用酯类和酯醚共聚母液或降黏小料，调整外加剂减水率，使用高减水类母液。（2）增减含气量，注意强度影响。（3）增减用水量，对 W/C（水胶比）有影响，需考虑胶材用量。（4）其他添加保坍、缓凝成分与环境温度有关。

水泥密度 3000~3100kg/m^3，碎石表观密度 2650~2800kg/m^3，砂石表观密度 2550~2650kg/m^3，自密实混凝土的容重一般在 2200~2300kg/m^3，“密

度说法”混凝土配合比调配重点：砂浆密度与骨料密度相当，才能托起粗骨料，包裹粗骨料，所以二者密度相差不宜过大，混凝土状态取决于砂浆状态，砂浆状态取决于水泥浆状态，水泥浆状态取决于水泥与外加剂相容状态。砂浆和易性调好，粗骨料只是填充物，理想的粗骨料粒形是接近立方体的形状。粗骨料粒径、级配对混凝土状态影响较大。与粗骨料含泥量（＞1%时）关系较大，与含泥成分有关，与材质石粉关系不大；在粗骨料密度不变情况下，可以从粉煤灰掺量或用水量、含气量上进行调整，增减砂浆密度，达到密度相近，砂浆“烂泥状”（如图 21 所示）不粘有浮力支撑粗骨料为最佳；水泥浆与细骨料密度，不宜相差过大，否则砂浆与细骨料分离严重，砂浆和易性差，水泥浆不裹砂无法形成均匀砂浆，达不到“烂泥状”；在材料不变的情况下，外加剂起重要作用，外加剂能解决混凝土容重、

图 21 自密实混凝土灌注时状态

含气量、坍落度、扩展度、强度、增稠降黏等方面的问题。

新拌自密实混凝土也属于宾汉姆流体，其流动是自重力大于屈服剪应力 τ_0 而产生剪切变形的结果，流动程度则取决于塑性黏度 η 值的大小。也就是要求其流变性质接近于牛顿流体，要有很小的屈服剪应力 τ_0 及较大的塑性黏度 η，即有较高的流动性，同时又不离析。采用高性能减水剂增塑和超细粉矿物质掺合料以及改善胶凝材料级

配都可以降低 τ_0 和 η 值，使混凝土拌和物达到自流平所需要的流动性。流动性可由屈服剪应力 τ_0 和塑性黏度 η 两个参数来确定，τ_0 既是混凝土开始流动的前提，又是混凝土不离析的重要条件。

3. 运用效果

在进行自密实混凝土灌注前，需进行扩展度试验、T_{500} 试验及含气量、入模温度等测试，测定自密实混凝土的流动性、流动率、泌水效果等，并填写试验记录。

自密实混凝土主要解决高流动性与抗离析性之间的根本矛盾和稳定性等技术难题。外加剂复配不当，易出现泌水、扒底，如表面光亮，形态较散，碎石握裹力不足，出现露石单个干净，可判定为和易性差、稠度不足，有害气泡多，施工难度大，实体病害多。外加剂复配得当，可实现高流动性、高间隙通过性，良好的抗离析性和微膨胀性，优越的耐久性和高体积稳定性。

自密实填充层表面无松软发泡层，表面密实、平整，无泌水现象（如图 22 所示）。表面无面积大于 50cm^2 的气泡，面积 6cm^2 以上气泡面积之和不超过底板面积的 2%。切开断面骨料分布均匀，无骨料堆积、上下贯穿气孔、蜂窝现象（如图 23 所示）。流动性控制：为实现自流平、自填充能力，自密实混凝土拌和物应具有较大的流动性。但流动性过大后，拌和物稳定性降低，分层、离析趋势将大大增加。根据灌注揭板试验结果可知，在满足灌注施工的前提下，自密实混凝土拌和物坍落扩展度不宜超过 700mm，才有利于保证自密实混凝土的自填充能力和拌和物体系的稳定性。每块 4.7m 板的灌注时间控制在 5~7min，每块 3.5m 板的灌注时间控制在 4~6min。通过多次试验调整黏度改性材料掺量，将含气量控制在 5%~6% 为最佳。

图 22　自密实混凝土灌注后的表面

图 23　自密实混凝土灌注后的断面

第三讲

搅拌站控制对自密实混凝土的影响

混凝土搅拌站物料称量系统是影响自密实混凝土质量的关键环节。混凝土搅拌站计量精度直接关系到混凝土工程质量以及工程的安全稳固。因此，对混凝土搅拌站计量误差的影响因素进行研究，探索有效的控制方法，已成为当前混凝土工程领域的重要课题。在混凝土搅拌中，不论是水泥、水、掺合料、外加剂还是各类骨料（砂、碎石等），每个要素都须计量精准，有一项计量不准，都可能造成工程质量问题或不必要的经济损失。

1. 问题描述

（1）原材料计量失准

骨料计量超差的原因多为原材料本身质量控制不当，如河砂含水率过大，形成结团，极易导致计量超差，而干的河砂则匀速滑落，相对计量准确。

（2）送料口径过大

配料机下料斗向计量秤送料口径较大，极易造成送料过多，导致计量超差。

（3）控制系统功能设计不合理

部分搅拌设备控制系统采用一个下料门控制配料，配料误差较大。

（4）维护保养不到位

对于配料机的气缸润滑不足，导致料斗门开闭速度减慢；管内气水不分离，冬季施工气温低时，气管内水蒸气遇冷凝结，造成管路不通或者管内气压不足，导致计量超差。

（5）粉料输送螺旋过大

粉料输送螺旋过大，无法精确控制粉料的采取量，导致粉料输送量过大或过小，极易造成粉料超差。

2. 解决方法

（1）粉料计量设备改进

自密实混凝土所需黏度改性材料、膨胀剂的

用量少，计量精度要求高，在粉料输送大螺旋上加装小螺旋（如图 24 所示），确保上料的计量精度。

图 24　加装小螺旋

（2）液体计量设备改进

增加精计量装置控制外加剂流量。首先，改装原来的外加剂管道，将原有的大管道改装成较小的管道。其次，在管道上加装回流阀门，可随时调整外加剂流量，使外加剂保持流量适中。当外加剂泵停止工作后，管道中残留的外加剂不容易流到计量设备中，减少了外加剂的计量超差。最后，增加精计量装置，由于外加剂用量少，在改变外加剂管道的基础上，增加精计量装置。当外加剂配料时，后面 1kg 的外加剂通过电磁阀控制垂直流入计量秤中（如图 25 所示），如此，外加剂的计量误差可控制在标准规定的范围内。

3. 运用效果

将混凝土原材料的计量误差控制在标准规定的范围以内，以此保证混凝土的质量要求。因此，既要保证工程质量不出问题，又要避免造成不必要的经济损失，通过计量检定来保证混凝土搅拌站称重设备的准确可靠和良好运行。

（a）设备改进示例 1

（b）设备改进示例 2

图 25　液体计量设备改进

第四讲

优化运输设备、工装改进

自密实混凝土有运距远、城市交通不确定性大、施工作业面受限（空间狭窄）、施工效率低、通过地下轨道二次驳运至作业面运输时间长等问题，这些问题严重影响自密实混凝土浇筑质量。围绕城市轨道预制轨道板施工中产生的质量病害，坚持依法依规，深化精细管理，攻克难点、根治顽症，是企业保发展的重要举措，排查和消除质量隐患，杜绝工程施工质量事故发生。

1. 问题描述

（1）混凝土必须一次性灌注到位，无补救措施，对模板加固、工装要求高。

（2）水平运输方式影响混凝土保坍性能、流动性能、工作性能。

（3）灌注工艺影响混凝土实体质量。

2. 解决方法

（1）确定关键参数

合理确定扣压力，使上浮量得到有效控制。

对于直线板、曲线板采用不同的扣压力，通过自密实混凝土灌注前后百分表和全站仪的测量上浮观测数据，对比发现当扣压力在 25~35N · m 时，轨道板上浮量变化较为稳定；当扣压力为 28N · m 时，上浮量基本控制在 0.6~1.1mm 内，灌注后轨道的平顺性更好。

搅拌时，宜先向搅拌机投入粗骨料、细骨料、水泥和矿物掺合料搅拌 30s，再投入所需用水量和外加剂，并持续搅拌 150s。

自密实混凝土灌注时，通过小料斗对接下料管进行灌注，直线板上设置的下料管距轨道板表面高度不宜小于 70cm，两侧防溢管（观察孔）露出轨道板表面高度不宜低于 30cm，设置高度差利用自密实混凝土的自重产生足够的压力，保证混凝土在板腔内能够充分充盈，避免出现离缝现象。曲线段下料管和防溢管的长度在直线段的基础上加上 1/2 外轨超高值。

当罐车到达浇筑现场时，使罐车高速旋转20~30s，混凝土各项指标检验合格后方能灌注。

（2）进一步优化运输设备

由于城市轨道工程中以地下线为主，地下线作业空间有限，大型吊车等设备无法使用，施工难度明显加大。自密实混凝土扩展度和流动性维持的时间短，运输设备起关键性作用。由传统的走形轨运输设备工装改进为自变形轮轨式布板门式吊装车和混凝土运输车，用于地铁隧道轨道道床预制轨道板和浇筑混凝土的运送、浇筑布料。

该设备可以在矩形隧道、马蹄形隧道、圆弧形隧道自由切换模式行走，进行布板和混凝土的卸料、布料。不需要单独铺设临时走行轨。

混凝土运输车搅拌系统由搅拌罐、减速机、液压马达、进料斗、出料斗、下料滑槽、冲洗水箱、搅拌卸料操纵机构等组成。由车上的液压泵提供动力，驱动液压马达、减速机带动搅拌罐转动，实现正转搅拌、反转卸料。通过操纵手柄使下料变幅调整滑槽高度，并可在水平方向做150° 偏转，从而对不同部位进行布料。

液压传动系统由两部分组成：走行液压回路，采用液压泵和液压马达，可进行正反调向、无级调速。搅拌罐的搅拌、卸料，动力元件为手动双向变量泵，执行元件为定量马达和减速机。通过柴油机油门控制油泵转速和手动控制双向变量泵，实现搅拌罐的正、反转和转速的无级调节。

传统设备方案：采用传统的走行轨龙门吊设备（如图 26、图 27 所示），每个作业面配置 2 台。

新型轮胎式铺轨设备方案：采用自变形轮轨式混凝土运输车（如图 28、图 29 所示），无须安装走行轨道。混凝土施工效率相较于传统设备显著提高，施工顺序灵活自由，每个作业面配置 1 台即可。

图 26　传统走行轨龙门吊施工

图 27　传统施工走行轨安装

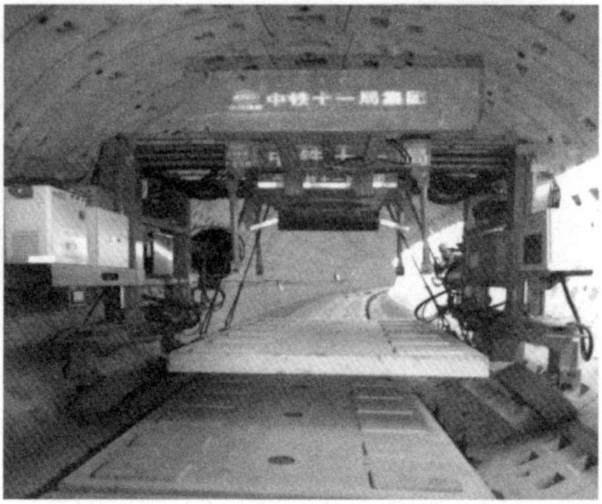

图 28　自变形轮轨式布板门式吊装车

图 29　自变形轮轨式混凝土运输车

表 2　传统设备与新型轮胎式铺轨设备方案对比

方案名称	主要设备	设备成本	设备施工效率	适用区域
传统设备	传统轮轨式铺轨吊	较低	47m/d	全线路适用
新型轮胎式铺轨设备	自变形轮轨式混凝土施工车、自适应断面运输工程车、自变形轮胎式轨道施工车	较高	117.5m/d	适用于至少一端有下料口的区间，区间两端均有下料口时优势更加明显；目前暂不适用于车站

（3）进一步优化灌注工装

灌注斗改进前（如图 30 所示）：灌注斗下料口原先为蝶阀式活门，占用了灌注导管的空间，造成灌注不畅，容易混入空气。

灌注斗改进后（如图 31 所示）：改为插拔式活门，灌注顺利，密封性较好，板面气泡明显减少。

在原混凝土扩展度平板上增加螺旋调节器和水准管，以保证扩展度平板的水平，确保扩展度指标检测精准（如图 32、图 33 所示）。

（a）改进前小料斗示例 1

（b）改进前小料斗示例 2

图 30 改进前蝶阀式小料斗

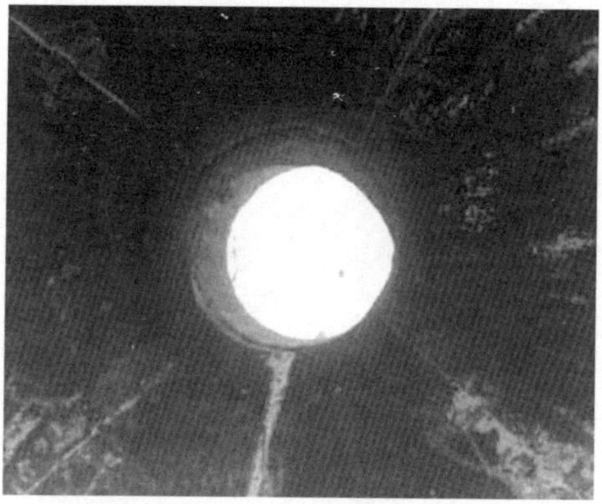

（a）改进后小料斗示例 1

（b）改进后小料斗示例 2

图 31　改进后插拔式小料斗

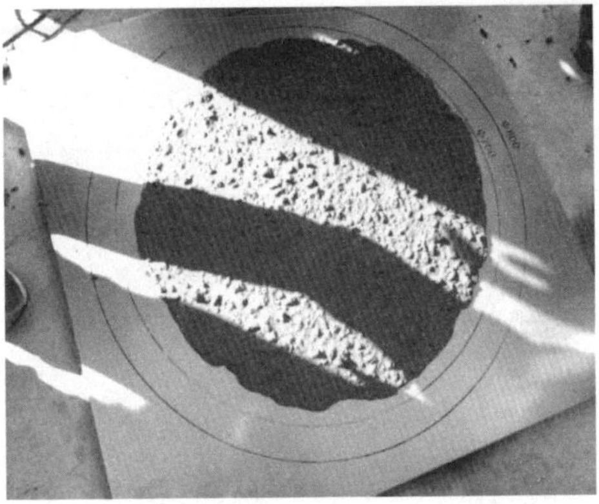

图 32　扩展度平板改造前

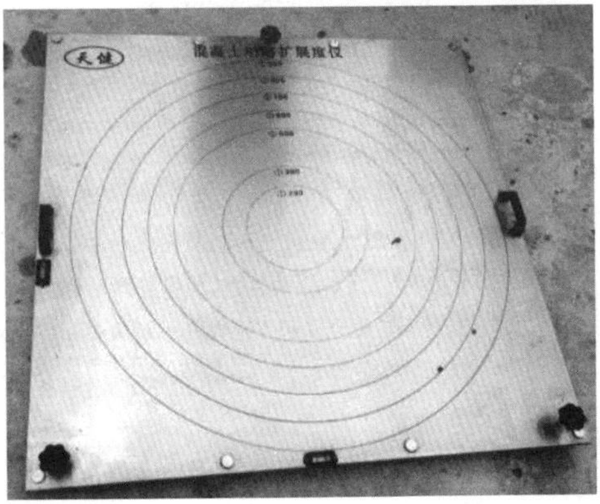

图 33　扩展度平板改造后

小料斗与下料管之间应密封不透气，以防灌注时带入气泡，采用橡胶圈将小料斗与下料管进行包裹密封，效果良好（如图 34 所示）。

观察孔的防溢管道宜采用三通 PVC 管，以防阀门关闭不及时，混凝土通过观察孔溢出了污染轨道板顶面（如图 35、图 36 所示）。

罐车卸料时，大料斗上面放置条形漏网对混凝土进行过滤，防止杂物进入（如图 37 所示）。

侧板模板均贴模板布，提高自密实层侧面外观质量（如图 38、图 39 所示）。

为了防止压杠损坏轨道板顶面，在接触面用土工布进行支垫，由于土工布弹性较大，通过试验更换为刚度更大、弹性更小的全棉帆布平胶带，效果较好（如图 40、图 41 所示）。

（4）进一步优化灌注工艺

灌注速度遵循“慢—快—慢”的原则，通过调整灌注漏斗的阀门大小控制灌注速度，在灌注

图 34　小料斗橡胶皮套密封效果良好

图 35　改进前观察孔

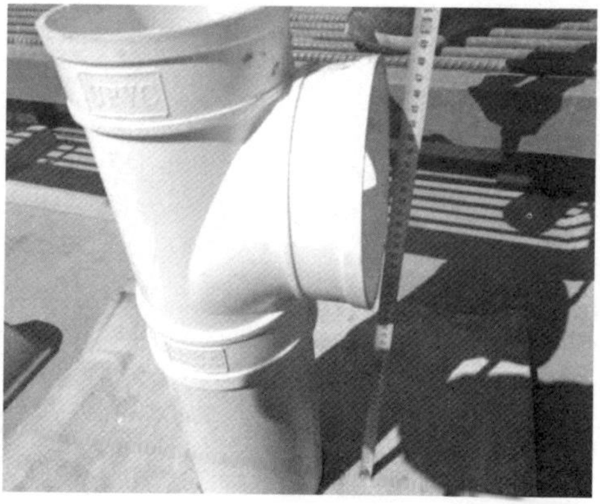

图 36　改进后三通 PVC 管

图 37　条形漏网

图 38　侧板模板安装透气模板布

图 39　侧板模板成品效果

图 40　改进前压杠下支垫土工布

图 41　改进后下支垫全棉帆布平胶带

即将完成的时候，要严格控制灌注速度，以防止灌注自密实混凝土过多导致轨道板上浮。

灌注过程中，通过轨道板两个观察孔和四角排气孔观察自密实混凝土在板下的流动情况，待观察到排气孔流出的混凝土与灌注前混凝土一致时，关闭灌注料斗阀门，停止灌注。

限位凹槽积有明水时，极易产生泡沫层，严禁板腔内（尤其是限位凹槽处）有明水，故在轨道板粗铺完成后要及时覆盖。

灌注过程中宜采用全站仪 CP Ⅲ观测方法对轨道板上浮量、侧移量进行观测，结合灌注速度，严控上浮量、侧移量超标。

多块板连续灌注时，应充分准备工具、工装，以保证灌注过程的连贯性，灌注完成后严禁踩踏。

3. 运用效果

灌注自密实混凝土时，必须提前开展坍落扩展度、T_{500}、含气量和入模温度等关键性能指标测试，各项性能符合标准要求后方可启动混凝土的灌注作业。观察最终扩展后的混凝土状态，如发现粗骨料在中央堆积或最终扩展后的混凝土边缘有较多水泥浆析出，说明混凝土拌和物抗离析性不好，应判为不合格，不得进行灌注。灌注前应确认料斗内的混凝土数量是否满足需求的填充量，中途不得有停顿，保证一次灌满，严禁二次灌注。自密实混凝土从中间灌注管灌入，采用插拔式小料斗，控制好“慢—快—慢”的放料速度，使小料斗中的混凝土保持在2/3的高度连续不间断，避免带入空气。灌注后自密实混凝土带模板覆盖（麻布、土工布等），用喷淋浇水等措施进行保湿养护不应少于3天，脱模后应涂刷养护液，并进行贴膜养护，养护时间不宜少于14天。自密实混凝土强度大于10.0MPa方可拆模，保证其表面及棱角不因拆模而受损。自密实混凝土达到设计强度的80%后，方可进行下道工序作业。

笔者及其团队对自密实混凝土层施工工装设计进行检验，并不断优化，形成了一套成熟完备的施工工装及机具设备；围绕自密实混凝土施工，开展基础性、协同创新工作，专注解决一线预制板施工过程中的重难点问题，以解决现场实际问题、技术通病、技术痛点为主线，结合施工现场共性问题和关键技术难题，有重点、有步骤地开展科技创新工作。先后围绕轨道板上浮等普遍问题，开展实用技术研究，研制了轮胎式铺轨设备的通行装置、基底凹槽浇筑装置、预制轨道板的反力架、板式道岔自密实混凝土灌注装置、自密实混凝土灌注台车等工装设备，填补了国内地铁行业无砟轨道技术空白，提升了施工作业水平，工程建设效率加快，工期成本大大压缩。

第五讲

自密实混凝土
“烂泥状”研究成果

导致自密实填充层常见缺陷的因素很多，除工艺、工装、运输、原材料等原因外，主要是自密实混凝土状态的不稳定。良好的自密实混凝土状态可以有效改善其依赖自身动态填充的缺陷，因工作面位置较远需要严格控制自密实混凝土的运输和转运时间，确保最终自密实混凝土性能符合设计要求。

自密实混凝土拌和物除要求具有较高的流动性、不离析、不泌水、填充密实等特性，还应具有良好的力学性能和耐久性能。近两年来，笔者及其团队针对自密实混凝土的耐久性做了大量的研究，主要的研究方向有：自密实混凝土的抗冻、抗渗、抗磨、抗侵蚀等性能。

针对地铁预制轨道板填充层自密实混凝土运距远、施工空间狭窄、二次驳运影响灌注质量和进度等难题，笔者提出了采用 5 种外加剂母液复配“鸡尾酒”达到混凝土“烂泥状”最佳状态的技术，以降低混凝土敏感性，延长流变维持时间，提升作业面施工效率，由灌注平均 10 块 / 天提升到 25 块 / 天以上。该技术是上海市土木工程学会科技进步奖《城市轨道交通高精度装配式轨道技术研究》的重要组成部分，工程获得了“2020 年度上海市优质安装工程申安杯奖”“第二十届中国土木工程詹天佑奖”。该技术在广州 18 号线（国内最快 160km/h）、深圳 16 号线、福州滨海快线、南京 6 号线等地铁 47215 块预制轨道板施工中得到应用，使乘客获得了平稳的乘车体验，也为国内“高铁式”地铁轨道施工积累了宝贵的经验。

本书较全面地总结了轨道工程施工的成功经验，以施工生产为主线，对轨道工程项目施工组织管理各环节的要点做了较为详细的介绍，阐述了轨道交通自密实混凝土填充层设计特点及技术难点，研究了具有灌注施工性好、体积稳定性好、高弹性模量和高耐久性等特点的自密实混凝土配合比设计技术，讨论了自密实混凝土填充层施工工艺流程，从原材料控制、灌注漏斗、轨道板扣压装置和模板装置方面开展了灌注工装研究；从轨道板腔湿润工艺、自密实混凝土灌注工艺改进和拆模与养护方面开展了灌筑工艺研究。确保填充层具有合理的刚度，足够的强度、稳定性、耐久性和良好的几何形位保持能力，保证列车按规定的速度安全、平稳运行。

经过长期的研究与实践，笔者对自密实混凝土填充进行了总结：

厘清思路方向明，
砂石优质粉料真，
外掺材料市场杂，
减水缓凝优化难，
附加小料掺量准，

酯醚性能了解细，
酯型裹浆黏性大，
醚型减水泌水多，
复配叠合表面暗，
消泡引气动力足，
轻重感觉经验判，
太重扒底浮浆重，
太轻强度流动低，
黏稠散度分得清，
降黏增稠修复强，
黏度过大坍损快，
稠度柔和阻力小，
散度不黏泌水多，
泌水离析泡沫层，
露石跑浆风干快，
入模质量保证难，
灌注工艺时间长，

唯有保坍保证来，
石子悬浮关键点，
扩展含气包容度，
排浆出石放心干，
稳定保持效率高，
养护保水裂缝少，
模板晚拆外观好。

后 记

创新，是一个国家和民族的灵魂，正是因为有创新精神，我们国家才能不断发展与突破，面对日新月异的时代变化，拥有创新精神的中国人唱响了新时代的奏鸣曲。以实际行动贯彻党的二十大精神，以科技创新、管理创新助力轨道交通高质量发展。

大胆探索、勇于创新，我们要从解决工作中的难题出发搞创新，使创新精神在基层一线落地实践。只要踏踏实实从基础干起，工作就能干好。在实践中形成了好的做法，把好的做法简化成可操作性强易于学习的推广方法。

我们每个人都在努力奔跑，我坚信，美好的梦想属于每一个胸怀匠心、努力躬耕、追求卓越的人。在追梦的征途中，依托“中国铁建股份公司陈永胜工作室”，以培养知识型、技术型、创新型员工为目标，围绕降低成本、技术改造、技术革新、安全生产等主题，以着力解决施工中的技术难点为己任，始终把确保质量摆在最核心、最本质、最重要的位置来抓，确保在轨道交通领域持续加大标准化、智能化的研究应用，深入推进关键核心技术突破和传统产品迭代升级。

作为一个技术领域的“匠人”，要始终保持一颗淳朴的“匠心”。在未来职业发展过程中，我依然会扎根试验检测岗位，怀着崇高而朴素的敬畏之心，朝着更高的技术水平、更好的技能运用方向攀登。

工于心，厉于行，静下心来踏实做事，培养一批国内一流技术团队，有助于增强技能人才与企业、技能人才与产业间的双向赋能，激发技能人才的创新创造活力，做好技艺传承，为企业发展提供强劲的后备技能人才队伍贡献自己的力量，在助力交通强国建设的道路上作出新贡献。

2025 年 7 月

图书在版编目（CIP）数据

陈永胜工作法：无砟轨道自密实混凝土关键技术及装备研发 / 陈永胜著. -- 北京：中国工人出版社, 2025. 7. -- ISBN 978-7-5008-8551-1

Ⅰ. U213.2

中国国家版本馆CIP数据核字第202513UE57号

陈永胜工作法：无砟轨道自密实混凝土关键技术及装备研发

出 版 人　董　宽
责任编辑　时秀晶
责任校对　张　彦
责任印制　栾征宇
出版发行　中国工人出版社
地　　址　北京市东城区鼓楼外大街45号　邮编：100120
网　　址　http://www.wp-china.com
电　　话　（010）62005043（总编室）
　　　　　（010）62005039（印制管理中心）
　　　　　（010）62379038（职工教育编辑室）
发行热线　（010）82029051　62383056
经　　销　各地书店
印　　刷　北京市密东印刷有限公司
开　　本　787毫米×1092毫米　1/32
印　　张　3.375
字　　数　50千字
版　　次　2025年8月第1版　2025年8月第1次印刷
定　　价　28.00元

优秀技术工人百工百法丛书

第一辑　机械冶金建材卷

第二辑　海员建设卷

100 ARTISANS AND 100 TECHNIQUES SERIES
蔡连财工作法
半潜船浮装操作
100 ARTISANS AND 100 TECHNIQUES SERIES
常洪霞工作法
公交安全驾驶与服务
100 ARTISANS AND 100 TECHNIQUES SERIES
陈宇航工作法
大型管道装配
100 ARTISANS AND 100 TECHNIQUES SERIES
陈竹祥工作法
汽车漆膜修补
100 ARTISANS AND 100 TECHNIQUES SERIES
程克辉工作法
常用焊接操作技能
100 ARTISANS AND 100 TECHNIQUES SERIES
勾常春工作法
盾构注浆“制一运一注”一体化集成系统
100 ARTISANS AND 100 TECHNIQUES SERIES
李燕肇工作法
古建彩画颜料调制及彩画工艺流程
100 ARTISANS AND 100 TECHNIQUES SERIES
廖明工作法
地铁司机应急处置技能培训
100 ARTISANS AND 100 TECHNIQUES SERIES
魏钧工作法
焊接十步操作法
100 ARTISANS AND 100 TECHNIQUES SERIES
吴喜军工作法
桥梁伸缩缝微创技术
100 ARTISANS AND 100 TECHNIQUES SERIES
翟筛红工作法
古建筑冰纹窗制作
100 ARTISANS AND 100 TECHNIQUES SERIES
竺士杰工作法
远控集装箱岸桥操作法

第三辑　能源化学地质卷

100 ARTISANS AND 100 TECHNIQUES SERIES
陈可营工作法
海洋油气生产绿色数智化设计与应用
100 ARTISANS AND 100 TECHNIQUES SERIES
程平工作法
钴基60硬质合金真空水冷堆焊
100 ARTISANS AND 100 TECHNIQUES SERIES
丁正江工作法
焦家式金矿预测勘查
100 ARTISANS AND 100 TECHNIQUES SERIES
华伶利工作法
松散地层钻进取心
100 ARTISANS AND 100 TECHNIQUES SERIES
黄兆亮工作法
航改型燃气轮机蜂窝封严钎焊修复
100 ARTISANS AND 100 TECHNIQUES SERIES
琚永安工作法
架空地线复合光缆的电动旋切
100 ARTISANS AND 100 TECHNIQUES SERIES
李辉工作法
用试验电压检测变电站一、二次设备交流回路整体组合工况
100 ARTISANS AND 100 TECHNIQUES SERIES
李祖锋工作法
抽水蓄能电站控制测量方案优化
100 ARTISANS AND 100 TECHNIQUES SERIES
刘清工作法
煤矿无人化智能开采控制系统
100 ARTISANS AND 100 TECHNIQUES SERIES
毛玉泉工作法
贵细中药材鉴别应用
100 ARTISANS AND 100 TECHNIQUES SERIES
齐名工作法
应用STC单片机
100 ARTISANS AND 100 TECHNIQUES SERIES
秦钦工作法
矿井安全监控设备辅助安装及故障分析处理

100 ARTISANS AND 100 TECHNIQUES SERIES
孙同根工作法
S Zorb装置优化

100 ARTISANS AND 100 TECHNIQUES SERIES
王月鹏工作法
基于绝缘平台的绝缘杆作业法

100 ARTISANS AND 100 TECHNIQUES SERIES
王跃工作法
滴定分析的判断与控制

100 ARTISANS AND 100 TECHNIQUES SERIES
杨新海工作法
车载移动测量技术在实景三维成果质量检验中的应用

100 ARTISANS AND 100 TECHNIQUES SERIES
杨义兴工作法
油田修井现场清洁生产技术应用

100 ARTISANS AND 100 TECHNIQUES SERIES
游弋工作法
煤矿供电系统防晃电设计与应用

100 ARTISANS AND 100 TECHNIQUES SERIES
余姝工作法
高陡峡谷区地质灾害调勘查

第四辑　国防邮电卷

100 ARTISANS AND 100
TECHNIQUES SERIES
高凤林
工作法
钢／铝异种金属
软钎焊制造

100 ARTISANS AND 100
TECHNIQUES SERIES
曹彦生
工作法
航天结构件
数控铣削
加工工艺

100 ARTISANS AND 100
TECHNIQUES SERIES
陈久友
工作法
轻量化金属构件
高性能激光焊接

100 ARTISANS AND 100
TECHNIQUES SERIES
陈佐佐
工作法
数字化纤芯
管理方案

100 ARTISANS AND 100
TECHNIQUES SERIES
洪家光
工作法
典型产品
车削加工

100 ARTISANS AND 100
TECHNIQUES SERIES
秦世俊
工作法
直升机动部
关键件、重要件
数控加工

100 ARTISANS AND 100
TECHNIQUES SERIES
陶安
工作法
高精度、高硬度
螺纹环规二次
车削及专用夹具

100 ARTISANS AND 100
TECHNIQUES SERIES
王刚
工作法
高精度铰孔
精准控制

100 ARTISANS AND 100
TECHNIQUES SERIES
徐珺
工作法
全光组网安装
维护交付

第五辑　财贸轻纺烟草卷

第六辑　农林水利卷

第七辑　金融卷

第八辑　铁路卷